AF319251

EXPÉRIENCE

SUR
LA PROPAGATION
DU SON ET DE LA VOIX
DANS DES TUYAUX
PROLONGÉS A UNE GRANDE DISTANCE,

NOUVEAU MOYEN

D'établir & d'obtenir une correspondance très-rapide entre des lieux fort éloignés.

par Dom Gauthey de l'ordre de Cîteaux.

A PHILADELPHIE,

Et se trouve à PARIS,

CHEZ PRAULT, IMPRIMEUR DU ROI,
quai des Augustins, à l'Immortalité.

1783.

PROSPECTUS.

Tou t le monde fait & conviendra qu'il feroit
affez fouvent d'une conféquence infinie de pouvoir
tranfmettre ou recevoir des avis avec une plus
grande promptitude. L'utilité & les avantages
qu'en retireroit la Société, & fur-tout les Admi-
niftrations, font inappréciables & trop frappans,
pour ne pas me flatter d'intéreffer & de fixer
l'attention, en annonçant quelques nouveaux
moyens effectifs pour obtenir cette rapidité fi
fouvent defirée dans tous les temps.

A mefure que la terre s'eft peuplée, que les
familles ont augmenté, qu'elles fe font étendues
& difperfées fur la furface du globe, que les
Sociétés fe font formées, & que les Nations fe
font policées, les hommes qui les compofoient
ont fenti de plus en plus la néceffité de commu-
niquer entr'eux. Néceffairement éloignés les uns
des autres, & fixés dans des demeures féparées
& dans des contrées différentes, ils ont compris
qu'il leur importoit néanmoins de conferver en-

tr'eux des liaifons, & d'étendre même leur affo-
ciation, enfin de pouvoir s'avertir mutuellement &
promptement de tout ce qui pouvoit intéreffer le
bien général & particulier.

On rechercha bientôt par-tout les moyens de
faire correfpondre à cet effet les lieux les plus
éloignés ; on a imaginé fucceffivement bien
des fortes de moyens, & l'on s'eft fervi d'agens de
bien des efpeces pour parvenir à ce but, &
obtenir fur-tout une certaine diligence.

Le plus heureux & le plus parfait de tous les
établiffemens qui ont été faits à ce fujet, eft fans
contredit celui des Poftes ; on en attribue affez
communément la premiere invention aux Perfes.
Il eft néanmoins certain, felon l'Écriture fainte,
qu'Affuérus, Roi des Medes, envoya des Couriers dans toutes les Provinces de fon Empire,
pour y porter la révocation de l'Edit contre les
Juifs.

Hérodote entre dans un grand détail fur l'origine des Poftes chez les Perfes : il dit que Cyrus
établit de diftance en diftance des chevaux de
relais, où fes Couriers & ceux des Gouverneurs

dé fes Provinces les trouvoient toujours tout prêts ;
il ajoute que de la mer Grecque, qui eft la
mer Égée & la Propontide, jufqu'à la Ville de
Sufe, Capitale du Royaume de Perfe, il y avoit
cent onze gîtes ou manfions, & une journée de
chemin de l'un à l'autre gîte.

Xénophon dit auffi que Cyrus, pour rendre
l'ufage des Poftes facile, fit bâtir des ftations ou
lieux de retraite fur les grandes routes ; & que
ce fut dans fon expédition contre les Scythes,
que ce Prince établit les Poftes de fon Royaume,
environ 500 ans avant l'Ere Chrétienne. Xercès,
felon les mêmes Hiftoriens, s'en fervit utilement
après fa défaite, pour fe dérober à Thémiftocle
fon vainqueur.

Bochard rapporte que les Orientaux prenoient
des hirondelles dont ils peignoient le plumage
pour les reconnoître, & qu'après les avoir trans-
férées dans d'autres climats, ils relâchoient ces
oifeaux, & que, retournant par leur inftinct dans
le premier endroit où ils avoient été pris, ils
annonçoient, fuivant la couleur, l'événement
dont on vouloit donner avis.

Marc-Antoine fe fervit, à ce que l'on prétend, dans fon expédition fur Modene, du vol des pigeons; & s'il faut en croire un Voyageur moderne, le Pere Avril, les Négocians d'Alep emploient encore le même expédient. Cet Auteur raconte que ces Négocians favent très-promptement le moment que quelque vaiffeau chargé de marchandifes vient mouiller dans le Port d'Alexandrette. Ils envoient, dit-il, à cet effet à leurs Correfpondans dans cette Ville un exprès avec des pigeons qu'on arrache à leurs petits. Auffi-tôt que le bâtiment paroît dans le Port, le Correfpondant d'Alexandrette écrit au Négociant à Alep; il attache fa lettre au col d'un de ces pigeons, & il le porte fur le fommet de quelque montagne. Alors le pigeon rendu à fa liberté, s'éleve en l'air, comme s'il cherchoit à découvrir le lieu où il a laiffé fes petits; & pouffé par l'inftinct naturel & commun à tous les oifeaux qui ont des petits, il retourne dans cet endroit, c'eft-à-dire, vers Alep. On affure qu'ils ne mettent que trois heures pour faire le trajet d'Alep à Alexandrette, qui eft de trente lieues;

& que cet ufage ſubſiſte dans les Échelles du Levant où les François ont des établiſſe-mens.

En Amérique, on ſe ſert de chiens ; & les Portugais ont mis ce moyen en uſage dans une de leurs conquêtes aux Indes : on leur attachoit les lettres au col, & on les laiſſoit retourner dans le lieu d'où ils avoient été amenés.

Mais ces ſortes d'expédiens étant très-incertains, & inſuffiſans dans bien des cas, on imagina les fanaux, qu'on allumoit ſucceſſivement ſur des montagnes correſpondantes. Les Grecs employoient ces ſignaux au lieu de Couriers, pour avoir en peu de temps des avis de ce qui ſe paſſoit au loin ; & ils en avoient pour la nuit & pour le jour : les uns par le feu, & les autres par la fumée. L'origine de ces ſignaux, qui ſe ſont perpétués juſqu'à nos jours, eſt très-ancienne, puiſqu'Agamemnon en fit uſage pour faire ſavoir à Clitemneſtre, ſon épouſe, la priſe de Troie.

Ces ſignaux n'apprirent d'abord que le gros d'un fait ; mais on trouva le moyen de donner quelques détails ; Polybe parle d'une méthode de

cette nature. Un nommé Cléoxene en étoit l'in-
venteur.

On a répandu à Paris , dans le même temps
que nous préfentions nos moyens à l'Académie ,
un Mémoire fur ce fujet , qu'on attribue à un
Auteur célebre ; & l'on croit que fon procédé
confiftoit également à compofer un idiôme par le
moyen des fignaux & avec des pavillons : mais
nous n'ofons décider nous - mêmes , & nous
avouons ne pas connoître le mot de fon énigme.
Nous fouhaitons au refte que fes moyens & fes
procédés foient encore meilleurs que les nôtres ;
nous dirions même avec joie , comme ce Citoyen
Romain : Puiffe-t-il fe rencontrer dans la Répu-
blique un homme qui lui propofe quelque chofe
de meilleur , & lui procure dans ce cas un plus
grand avantage !

On trouve également dans Tite-Live & dans
Plutarque , que les Généraux Romains , dans plufieurs occafions , fe fervoient de fignaux pour fe
parler de fort loin ; & Suétone parle des Poftes
de ce Peuple du temps d'Augufte : il dit qu'il y
avoit à chaque ftation des jeunes gens qui cou-

roient à pied, & portoient les paquets de l'Empereur d'une ſtation à l'autre, & que bientôt après on leur ſubſtitua des chevaux & des chariots pour faciliter les expéditions.

Mais le moyen qu'imaginerent les Perſes, en élevant des tours de diſtance en diſtance où ils tenoient des hommes qui avoient la voix aſſez forte pour ſe faire entendre d'une tour à l'autre, & faire parvenir de cette façon une nouvelle de ſtation en ſtation, ſans nous avoir ſervi de modele, puiſque nous l'ignorions parfaitement, eſt un de ceux qui s'approchent le plus du moyen que nous avons imaginé, comme on le verra bientôt.

Nous n'entrerons pas dans un plus grand détail de tous les autres moyens dont on s'eſt ſervi & qu'on a employés ſucceſſivement chez tous les Peuples. On ſait aſſez qu'à cet égard l'ambition de l'homme n'eſt point encore ſatisfaite, & qu'elle ſe réveille toutes les fois qu'il ſe rencontre des cas importans où une plus grande diligence deviendroit d'une conſéquence infinie, ſans parler des avantages réels d'économiſer un temps toujours précieux à l'induſtrie, & de rendre à des travaux néceſſaires des hommes & des animaux détournés pour cet objet.

Je propoſe trois moyens abſolument nouveaux pour obtenir la plus grande rapidité, & faire parvenir une nouvelle avec une extrême diligence.

Avec le premier, on pourra donner un ſignal à plus de cent lieues dans moins d'une minute, & ce ſignal aura le double avantage d'être prompt & ſecret, puiſqu'il pourra partir d'un endroit fermé, ſecret & clos, & parvenir à un autre lieu ſemblable, ſans qu'on puiſſe s'en appercevoir dans l'intervalle. Il aura lieu bien plus la nuit comme le jour, & en toute ſaiſon, & pourra ſe donner & ſe renouveller à toute heure & en tout temps, ſans une nouvelle dépenſe ; enfin, il pourra ſe porter à trente lieues en quelques ſecondes, ſans ſtations intermédiaires, & peut-être bien au–delà. Il n'eſt queſtion ni d'électricité ni d'aimant.

Avec le ſecond, je crois pouvoir me flatter de faire parvenir l'avis le plus détaillé & l'inſ-truction la plus longue à cent lieues dans une démie-heure environ, & le faire articuler par un tiers auffi parfaitement que fi l'on étoit en préfence.

Avec le troifieme enfin, je penfe qu'il feroit poffible de faire parvenir une lettre effective & un paquet de quelques onces à cent lieues dans fix heures, dans une fleche, de ftations en ftations, avec un arc affez puiffant.

Je fens tout ce que de pareilles affertions préfentent d'extraordinaire ; & je conviens que dans ce cas tout homme prudent doit être en garde, ainfi que contre toute efpece de nouveautés, de découvertes ou de projets qui furpaffent nos connoiffances actuelles ; j'avoue même que, dans un objet de cette importance, il femble qu'on ne pouvoit rien ajouter aux recherches & aux efforts de tous ceux qui nous ont précédés ; enfin, à tout ce qui a été imaginé & mis en ufage juf-qu'à ce moment : mais il eft affez remarquable, & il femble même auffi qu'il y ait un temps mar-qué pour chaque découverte, puifqu'elles ne font le plus fouvent que l'effet du hafard & le partage des génies les plus communs, & l'on ne fauroit trop expliquer comment certaines vérités & les chofes les plus fimples, après avoir échappé pendant des fiecles, paroiffent tout d'un coup fortir des ténebres, comme un éclair & une étincelle d'un caillou à certain choc inattendu, & au moment qu'on s'en doutoit le moins.

Ces réflexions & une expérience aufli conftante devroient au moins faire quelqu'impreffion fur ceux qui fe révoltent & repouffent au premier abord toute efpece de nouveauté & de projets, & fe perfuadent indifcrétement que tout a été penfé & découvert, & que le génie a déjà trouvé des bornes au-delà defquelles il ne fauroit atteindre ; un de nos Poëtes modernes a dit à ce fujet avec autant de vérité que d'élégance :

Croire tout découvert eft une erreur profonde ,
C'eft prendre l'horifon pour les bornes du monde.

J'aime à croire moi-même que plus d'un homme fenfé, & que les amis fur-tout de l'avancement des Sciences & des chofes utiles accueilleront du moins nos efforts. Puiffe le fuccès, réalifant nos efpérances, juftifier leur accueil, & nous acquiter envers la Société du tribut d'utilité que nous nous croyons obligés de lui payer de quelque maniere.

Ces nouveaux moyens ont été soumis à l'examen & au jugement de Messieurs de l'Académie Royale des Sciences ; & Messieurs le Marquis de Condorcet & le Comte de Milly, Commissaires nommés pour les examiner, ont déjà dit au sujet du premier de ces moyens, dans leur rapport du 15 Juin 1782, » que ce moyen leur avoit » paru praticable, ingénieux & nouveau ; qu'il » n'avoit aucune analogie avec les autres moyens » connus & destinés à remplir le même objet ; » & quant à la célérité qu'on pourroit donner » par ce moyen un signal à trente lieues en » quelques secondes, sans stations intermédiaires ; » qu'ils répondroient même du succès du Cabi- » net d'un Prince à celui de ses Ministres, & » que l'appareil ne seroit ni très-cher ni très- » incommode ; enfin, qu'ils avoient mis au bas » du Mémoire de Dom Gauthey, Religieux » de l'Ordre de Cîteaux, les raisons de leur » opinion sur la possibilité de ce moyen dont

» l'Auteur vouloit garder le secret , pour en faire
» l'hommage au Gouvernement de sa Patrie qui
» pourroit le posséder exclusivement, tout l'ap-
» pareil principal pouvant s'établir à l'extérieur,
» sans qu'on se doute des moyens d'en faire
» usage. «

Les mêmes Commissaires ont été nommés
pour faire le rapport , & examiner les autres
moyens présentés postérieurement , dont je vais
faire ici l'exposé , & que je soumets pareillement
au jugement & à l'examen des autres Savans,
son établissement ne pouvant être secret , mais
bien son usage, comme on le verra bientôt.

J'ai prié d'ailleurs ces Messieurs de suspendre
leur rapport, en leur observant que ne pouvant
non plus que moi donner que des conjectures, &
tirer que des conséquences sur cet objet, quelque bien établies qu'elles puissent être , elles ne
satisferoient peut-être pas également tout le
monde , & que je cherchois par cette raison à les
confirmer par l'expérience.

J'ai cru pouvoir penser à cet égard , & j'aime
à me persuader, quoique les frais d'une fem-

blable expérience foient au-deffus de mes facul-
tés, que l'importance de l'objet & le degré de
probabilité qu'on pourroit trouver à mon expofé
& à des conféquences tirées de principes certains, enfin à des conjectures & des apperçus
appuyés & éclairés par des effets avérés & connus, trouveroient affez de convictions pour faire
défirer ces expériences, & pourroient déterminer un affez grand nombre d'Amateurs & de
Curieux à réunir leurs efforts pour fournir aux
frais d'une expérience qu'ils auront jugée utile &
néceffaire, & qu'ils verront indifpenfable pour
s'affurer inconteftablement l'étendue dont ces
nouveaux moyens font fufceptibles, & les avantages qu'en pourroit retirer la Société dans différentes applications.

Enfin, j'ai cru devoir m'attendre que, dans un
fiecle auffi éclairé, & dans lequel l'ardeur d'augmenter la maffe de nos connoiffances, & conféquemment nos jouiffances, eft auffi générale,
enfin fous un Gouvernement auffi fage & auffi
actif, tout ce qui peut s'appliquer aux befoins &
à l'utilité de la Société ne faurait manquer d'être

accueilli & de fixer l'attention. Il feroit inutile de propofer d'autres motifs, pour déterminer fon zèle.

Je me bornerai donc à expofer fuccintement ici ce fecond moyen, & mes conjectures fur les effets qui doivent réfulter des procédés que j'imagine, pour donner ou recevoir des avis avec une extrême diligence, d'un endroit à un autre très-éloigné.

Ce moyen confifte à pouvoir propager la voix fecrétement à une certaine diftance, & articuler une nouvelle par des porte-voix fecrets & cachés, de ftations en ftations.

Tout le monde fait déjà que le fon fe propage avec une certaine vîteffe, & qu'il s'étend à une diftance proportionnée à la force avec laquelle l'air qui en eft le véhicule s'en trouve frappé.

Sans entrer dans des détails fur la manière d'agir du fon & de la voix, comment il fe propage & s'étend en tout fens dans l'atmofphère & dans un efpace libre qu'on ne connoît pas d'ailleurs encore bien parfaitement, & fur lefquels

les

les Auteurs ne paroiffent pas fixés ni même d'ac-
cord, il nous fuffira d'obferver ici qu'un fon parvient à une plus grande diftance & fe fait entendre beaucoup plus aifément, lorfqu'il eft
refferré & retenu dans un efpace étroit ; on
éprouve cet effet dans les galeries étroites &
alongées, dans des puits profonds, & dans tous
les lieux clos & refferrés ; & l'on fait auffi qu'en
parlant à l'embouchure d'un tuyau, quoique très-
long, on fe fait entendre très-diftinctement par
quelqu'un qui prête l'oreille à l'autre extrémité
du tuyau, quelque doucement qu'on le faffe &
qu'on articule ; le fon même de la voix fe trouve
augmenté par les répercutions & rédondances qui
fe font aux parois du tuyau, & peut-être fa force
n'agiffant que fur une maffe d'air moins confidérable que dans un efpace libre, il trouve moins
de réfiftance pour fe propager en longueur, &
conferve par cette raifon fa force & fon effet
bien plus long-temps.

Mais quoi qu'il en foit, cet effet une fois
reconnu, jufqu'à quel point & à quelle diftance
doit-il avoir lieu, & peut-il fe porter dans des

tuyaux continus & toujours prolongés ? Quel
avantage en pourroit-on retirer, & quelle appli-
cation en pourroit-on faire pour les befoins &
l'utilité de la Société ? C'eft ce que perfonne, je
penfe, n'avoit cherché à approfondir ni même
encore remarqué ; & c'eft néanmoins à cet effet
que je crois fufceptible d'une très-grande étendue, que je vois les applications les plus heureufes
& les plus utiles; & c'eft avec ce moyen, que
je crois poffible d'obtenir une communication
très-rapide, & toujours affurée, entre des lieux
fort éloignés.

On doit préfumer effectivement avec affez de
confiance, que puifque dans un tuyau très-long,
le fon & la voix, bien loin de diminuer, font
fenfiblement augmentés, ils doivent fe propager
à une diftance beaucoup plus confidérable & dans
un tuyau beaucoup plus long.

On n'a pu, jufqu'à ce moment, s'affurer que
d'une longueur de quatre cents toifes, qui eft un
des conduits de la pompe à feu de Meffieurs
Perrier, à la grille de Chaillot ; mais on peut
conclure de l'effet qui en réfultoit, que ce

même effet s'étendroit à une diftance beaucoup plus grande , & peut-être plus grande qu'on ne croit.

J'ai fait une autre expérience non moins con-cluante, dans un tuyau de cent dix pieds, avec une montre que je fis fufpendre aux extrémités de ce tuyau, fans cependant qu'elle le touchât ; on entendoit à l'autre bout de ce tuyau le bruit du mouvement du balancier beaucoup plus fort & plus diftinctement que fi la montre eût tou-ché l'oreille.

Quelques-uns m'oppofoient les finuofités ; difficiles à éviter dans bien des cas : mais j'ai fait à ce fujet d'autres expériences qui prouvent qu'elles ne feront point un obftacle. J'ai pris à cet effet des cors-de-chaffe de plufieurs grandeurs qui faifoient jufqu'à dix tours , & je les ai adaptés à un tuyau. Quelque doucement qu'on articule, la parole & la voix parviennent diftinctes , de quelque côté du cor qu'on prononce ; & il eft à préfumer que quand même ils auroient un plus grand nombre de finuofités , on obtiendroit le même effet.

Il y auroit encore un autre moyen que j'imagine, d'aider & d'augmenter la propagation d'un son produit dans des tuyaux prolongés, qui paroîtra sans doute auſſi fondé en principes.

On sait que le vent, en chaſſant l'air, chaſſe avec lui le son dont il eſt le véhicule, & que, par cette raiſon, un bruit qui vient du même côté que le vent, s'entend beaucoup plus aiſément & parvient beaucoup plus loin. On obtiendroit sans contredit le même avantage, en établiſſant un courant d'air dans les tuyaux, & l'on conçoit aiſément qu'il seroit poſſible d'y produire un vent continu; le son & la parole non-seulement trouveroient alors moins de réſiſtance dans une colonne d'air entraînée dans la même direction, mais ils recevroient une double impulſion qui contribueroit certainement à les propager & les porter à une plus grande diſtance.

Mais enfin, quelle seroit cette diſtance? & quelle longueur pourroit-on donner à ces tuyaux? C'eſt ce que l'expérience seule pourra nous apprendre, & c'eſt le but auquel nous cherchons à parvenir.

On peut cependant conjecturer avec assez de fondement, que puisqu'au moyen de certains porte-voix assez courts, à la sortie desquels le son & la voix se dissipent en tout sens, & qui frappent une masse d'air bien plus considérable, on se fait entendre à plus d'une lieue, on doit obtenir un effet bien plus puissant & plus étendu dans un conduit étroit, dans un air tranquille & sur une colonne & une masse d'air beaucoup moindre, & seulement alongée.

La forme des porte-voix augmente, dit-on, considérablement le son & la voix : mais qui empêche qu'on ne se serve de ce moyen, pour parler dans nos tuyaux, & qu'on ne les y adapte s'il est nécessaire ?

Supposons maintenant avec assez de probabilité, qu'en parlant à l'embouchure d'une suite de tuyaux continus & de la longueur de deux mille toises ou une lieue, un homme, en articulant quelques mots, puisse être entendu distinctement par un second qui prêteroit l'oreille à l'autre extrémité de ce tuyau, distante d'une lieue, ce second pourroit avoir en même temps, & l'oreille

à l'extrémité de ce premier tuyau, & la bouche
au commencement d'un autre & fecond tuyau
de même longueur ; & il répéteroit fur le champ
les paroles du premier à un troifieme qui feroit
auffi à l'extrémité de ce fecond tuyau ; ce troifieme enfin les tranfmettroit par le même moyen
à un quatrieme, & toujours ainfi de fuite, de
ftations en ftations, jufqu'au dernier.

Le fon ne met gueres qu'une feconde pour
parcourir cent quatre-vingts toifes ; ce qui fait
cinq lieues par minute, & trois cents lieues dans
une heure : conféquemment la nouvelle pourra
parvenir à cette diftance avec autant de rapidité,
à très-peu de chofe près, & avec tous les détails
qu'on pourroit défirer.

Il y auroit un fignal pour avertir le ftationnaire
dans fa demeure, & l'appeller à fon pofte : le
premier moyen, dont on a vu plus haut le rapport de Meffieurs de l'Académie, feroit très-
propre à cela. Je crois d'ailleurs qu'un bruit un
peu confidérable, un coup de piftolet par exemple tiré à l'embouchure de ces tuyaux, feroit
fuffifant pour être entendu dans toute la maifon

que ce ſtationnaire habiteroit, & où ce tuyau aboutiroit.

Ces tuyaux ſeront cachés & établis en terre dans toute leur longueur, ſans s'embarraſſer des ſinuoſités, & ne reſſortiront que dans les habitations des ſtationnaires par leur extrémité ; ces habitations pourront être choiſies indifféremment dans la campagne ou ſur les routes, ſans être aſtreint à ſuivre une ligne déterminée, qu'on pourra fixer ſelon l'occurrence & la commodité des lieux.

Ces maiſons & ces emplois pourroient devenir la retraite de Militaires invalides, auxquels on feroit un fort, & qui continueroient par ce moyen à ſervir l'État ; ils veilleroient en même temps à la conſervation & à l'entretien de l'établiſſement, & pourroient être pluſieurs enſemble : on pourroit leur confier auſſi la police des grands chemins dont ils ſeroient à portée.

La tête de cette correſpondance pourroit donner dans le palais même du Souverain ou chez ſes Miniſtres ; & il y auroit un mot du guet que changeroit à volonté celui qui la commanderoit,

fans lequel on ne pourroit agir. Pour des dépê-
ches abfolument fecretes, on conviendroit d'un
langage qui ne feroit point compris des intermédiaires, qui d'ailleurs feroient ferment d'être dif-
crets.

Il eft inutile d'entrer à préfent dans tous les
autres acceffoires d'un pareil établiffement, auquel je ne vois aucunes difficultés infurmonta-
bles: on doit bien penfer que je me fuis fait à
moi-même toutes les objections qu'on pourroit
me faire; & je me perfuade aifément que tout
homme fenfé, avec un peu d'attention, peut les
lever lui-même, s'il s'y attache un peu.

Une des plus générales, & qui n'en devroit
cependant pas être une, à le bien prendre, eft
celle de la dépenfe, lorfqu'on ne la compare pas
fur-tout aux avantages, & qu'on les perd de vue;
mais fi l'on faifoit bien réflexion que des dépenfes
de ce genre étant faites dans l'État, elles font
conféquemment reverfées dans la Nation & au
profit du Peuple, & qu'elles deviennent bientôt
nulles par la circulation.

De quel fecours & de quelle utilité ne feroit

pas l'établiſſement d'une . correſpondance auſſi prompte du Cabinet d'un Souverain à celui de ſes Miniſtres dans les principaux Ports de mer, en France ſur-tout, qu'ils ſont auſſi éloignés de la Cour? & combien ne lui ſeroit-il pas avanta-geux de pouvoir donner ou recevoir des inſtruc-tions avec autant de promptitude? Si l'on com-pulſoit dans l'Hiſtoire de ce Royaume toutes les circonſtances où un ſemblable avantage auroit pu s'appliquer, on reconnoîtroit aiſément qu'il eût épargné des ſommes étonnantes, & plus que ſuffiſantes pour l'entreprendre. Il ne faut d'ailleurs aſſez ſouvent, on en conviendra, que quelques heures & qu'un prompt avertiſſement pour faire réuſſir une opération dont peut dépendre le ſalut de l'État, & qui, venant à manquer, peut au contraire le perdre, ou occaſionner une guerre ruineuſe & meurtriere, enfin cauſer des pertes irréparables.

Quel eſt enfin le Souverain qui n'a pas ſouvent ambitionné un ſemblable moyen & un pareil avan-tage, & ne l'eût payé quelquefois plus cher mille fois que celui-ci ne pourroit coûter?

J'oferois même dire qu'une entreprife & un établiffement de cette nature, en étonnant tout l'Univers par fes effets & fa nouveauté, feroit époque, & perpétueroit immanquablement la mémoire du Souverain qui l'auroit confommée.

Mais je ne finirois pas encore, fi je citois ici tous les avantages qu'on pourroit retirer d'un femblable établiffement en temps de guerre comme en temps de paix, & toutes les applications générales & particulieres qu'on peut faire de ce moyen. Elles feront plus particuliérement détaillées dans l'Ouvrage que je propofe, & que je donnerai, lorfque j'aurai pu faire les expériences convenables & néceffaires en grand, pour m'affurer toute l'étendue dont ces nouveaux moyens font fufceptibles.

Quantité de Savans & d'Amateurs de tous les rangs, auxquels j'ai communiqué le plan de cet Ouvrage, & un projet de Soufcription, paroiffent l'adopter, & l'attendre avec impatience.

J'ai même le bonheur de voir cette Soufcription acceptée dès ce même moment par un affez grand nombre de perfonnes, parmi lefquelles on

peut déjà compter des Savans du premier ordre
& de la premiere diftinction, bien capables de
faire autorité; ils fe font tous un plaifir & un
empreffement de réunir leurs efforts pour con-
courir aux frais de cet Ouvrage & des expériences qu'il néceffite, quelque coûteufes qu'elles
foient; ils comprennent aifément qu'ils jouiront,
en foufcrivant, du double avantage de pofféder
cet Ouvrage, & d'avoir contribué à l'exécution
d'une expérience réellement utile & précieufe à
la Société, qui ne peut manquer, d'ailleurs,
d'augmenter & de fixer nos connoiffances dans
cette partie, quelle qu'en foit l'iffue; & ils fe
perfuadent avec moi que leur exemple pourroit
en entraîner d'autres, & un nombre fuffifant pour
completter cette Soufcription, qui aura lieu dans
le cas que la fomme monte à douze mille francs
à laquelle on eftime les frais de ces expériences
& de cet Ouvrage.

La foufcription eft d'un louis; mais on ne
demande à préfent que la promeffe & une fou-
miffion aux Soufcripteurs, & l'on ne prendra
rien que la fomme ne foit complette.

Le nom & la lifte des Soufcripteurs fera imprimé à la fuite de l'Ouvrage & féparément, pour être envoyée à chacun d'eux, lorfqu'il fera queftion de recueillir l'argent. On verra déjà ci-joint le nom & la lifte de ceux qui ont commencé à foufcrire. Tous les Soufcripteurs feront prévenus du moment où on fera les expériences ; ils pourront y affifter, les répéter eux-mêmes, & donner leurs avis qu'on recevra avec reconnoiffance.

Meffieurs le Marquis de Condorcet & le Comte de Milly, Commiffaires nommés par l'Académie, dirigeront le tout, & rien ne fe fera fans leur aveu.

On adreffera les foumiffions chez M. GAR-DEUR, Sculpteur, cloître Saint-Jacques l'Hôpital, rue Mauconfeil, à Paris.

LISTE ET NOMS DES SOUSCRIPTEURS ET COOPÉRATEURS.

Son Altesse Sérénissime Monseigneur le Duc de Chartres, dix soufcrip-
tions .... 240 l.
M. le Duc de Chaulnes................... 24
M. le Duc de Charost, deux........... 48
M. l'Evêque de Tarbes.................. 24
Madame la Ducheffe de la Valliere, au
Carroufel 24
M. le Comte d'Albaret, Commandeur de
Saint-Maurice............................. 24
M. Lalande, Directeur de l'Académie Royale
des Sciences............................... 24
M. Le Roy, de l'Académie Royale des Scien-
ces.. 24
M. Desmarest, de l'Académie............ 24
M. Cousin, Profeffeur au Collége Royal.... 24
M. Machv, Profeffeur de Chymie......... 24
M. Charles, Profeffeur de Phyfique, place
des Victoires.............................. 24
M. Gébelin, Préfident honoraire perpétuel
du Muféum................................. 24
M. Pilatre des Roziers, Directeur
du Mufée de Monsieur..................... 24

TESTAMENT

DE

M. FORTUNÉ RICARD,

Maître d'Arithmétique à D**.

Lu & publié à l'audience du bailliage de cette ville, le 19 Août 1784.

1784.